DV
CHOCOLATE

DISCOVRS CVRIEVX,

DIVISE' EN QVATRE PARTIES.

Par *Antoine Colmenero de Ledesma Medecin &*
Chirurgien de la ville de Ecya de l'Andalouzie.

Traduit d'Espagnol en François sur l'impression faite à
Madrid l'an 1631. & esclaircy de quelques
Annotations.

Par RENE' MOREAV *Professeur du Roy en*
Medecine à Paris.

Plus est adjousté vn Dialogue touchant le mesme Chocolate.
Dedié à Monseigneur l'Eminentissime Cardinal de Lyon, grand
Aumosnier de France.

A PARIS.

Chez SEBASTIEN CRAMOISY, Imprimeur ordinaire
du Roy, ruë S. Iacques, aux Cicognes.

M. DC. XLIII.

MONSEIGNEVR,

Plusieurs personnes de condition se rebutant de l'vsage du Chocolate pour ne sçauoir ny la composition ny les vertus de ceste drogue estrangere qui est maintenant en tres grande reputation par toute l'Europe: Et Vostre Eminence m'ayant fait autrefois l'honneur d'en demander mon aduis, i'ay creu qu'il seroit à propos, afin de contenter vostre curiosité, de produire à Vostre Eminence le tesmoignage de

ceux qui ont veu dans les Indes preparer ce breuuage, qui nous ont apris sa
composition, & qui ont soigneusement
examiné ses qualitez & ses effects. Ie les
ay fait parler François en vn temps que
l'on void nos armées, en estendant les
bornes de nostre Monarchie au delà du
Roussillon & de la Catalogne, enseigner
nostre langue aux Castillans, & leur apprendre qu'ils n'auront plus à l'adue-
nir ny loix, ny coustumes, ny langage qui
ne soit à nous. Ce grand orgueil qui pa-
roist dans tous leurs escrits & parmy
leurs discours familiers, va se perdre
dans la douceur & dans la delicatesse
de nostre langue, qu'ils sont contraints
de receuoir auec nostre Empire. Et nous
en receuant comme vn tribut tous les
monumens qu'ils ont composez en leur
langue, nous leur ferons oublier le Ca-
stillan, & les ferons parler à nostre mo-
de. Ie commence par ces deux petits dis-

cours que ie presente à Vostre Eminence, tandis que de meilleurs esprits que le mien suyuront en ces conquestes les brisées de nos armées victorieuses & triumphantes. Ie suis obligé par toutes sortes de considerations de vous offrir ce petit ouurage ; puis qu'en me gratifiant d'vne chaire de Professeur du Roy en Medecine en la plus celebre Vniuersité de l'Europe ; Vostre Eminence me dōne occasion de m'entretenir quelques-fois auec mes liures, & d'adoucir le tra-uail de ma vacation qui est grand & es-pineux en vne ville populeuse comme Paris, par la conference que i'ay auec les meilleurs esprits de tous les siecles. Ie ne monte point en la chaire publique, ie ne me recueille point en mon estude, ie n'entreprens aucun ouurage de litterature que ie ne me ressouuienne de la libe-ralité de Vostre Eminence, & que ie ne vous rende tacitement les actions de graces que ie deurois vous faire publiquement. Mais quand la renômée nous publie hautemét toutes les vertus Chrestiennes qui accompagnent inseparablement Voftre Eminence: qu'elle raconte qu'au peril de voftre vie qui eft fi chere & fi precieufe, vous vifitez, confolez & affiftez les malades de la contagion auec le mefme courage & la mefme affeurance que vous portez à la vifite des autres malades: qu'elle annonce la profufion des aumofnes & des charitez que vous exercez enuers toutes fortes de miferables & de languiffants: qu'elle affeure que vos diuertiffements & vos promenades ordinaires font dans les hofpitaux: & qu'elle chante auec toute la ville de Lyon les exemples meruueilleux de fainɛteté, de pieté, de modeftie, & de téperance que Voftre Eminence donne à tout le monde; le refpeɛt & l'honneur que vous rend le Clergé, l'a-

mour & la deference que la Nobleſſe
vous porte, la ſeruitude & l'obeiſſance
filiale & volontaire que le peuple vous
teſmoigne. Pourquoy parmy des reſſen-
timens ſi eſtroits & ſi vniuerſels refuſe-
roy-je de faire en mon particulier ceſte
petite offrande à celuy qui anime & qui
poſſede tant de cœurs? Bref lors que ie
fais reflexion ſur le Grand Cardinal
Duc de Richelieu à qui vous touchez
de ſi prez, lequel nous fait gouſter la
paix & la trãquilité au milieu des guer-
res & des tempeſtes qui battent tous
nos voiſins: que ie me mets deuant les
yeux que ſon Genie accompagné des be-
nedictiõs du voſtre fait mouuoir par ſes
diuins conſeils comme par des ſecretes
machines les bras de nos ſoldats pour l'e-
ſtabliſſement & pour l'agrandiſſement
de noſtre Monarchie; tandis que Voſtre Eminence comme vn autre Moy-
ſe, eſleuant les mains vers le Ciel fait

EPISTRE.

pleuuoir les fælicitez sur la maisõ royale & les victoires dans nos armées: lors dis-je que ie considere que vous deux comme deux Astres celestes faites couler l'vn par ses admirables conseils, l'autre par ses ardentes prieres, les douces influences du bon-heur & de la prosperité desquelles nous ioüissons. Ie me trouue obligé d'offrir à Vostre Eminence ce petit ouurage en recognoissance de ce qui vous est deu. Que Vostre Eminence le reçoiue donc s'il luy plaist, non comme vn present de valeur, mais comme vn tesmoignage certain de ma tres-humble seruitude & sous la protestation que ie fais de viure & de mourir

MONSEIGNEVR,

De Vostre Eminence,

A Paris, ce dernier Octobre 1642.

Le tres-humble, tres-obeïssant
& tres-obligé seruiteur
RENE' MOREAV.

DV CHOCOLATE.

PREFACE

*Contenant le subjet & la diui-
sion de ce Discours.*

AV LECTEVR.

E nombre de ceux qui boi-
uent auiourd'huy du *Chocolate* est si grand, que non seul-
lement ce breuuage est fort
vsité aux Indes où il a pris son origine,
mais aussi en Espagne, en Italie & en
Flandres, & particulierement en la Cour
du Roy d'Espagne. Et il y a tãt de personnes qui sont en doute du profit & du dõ-
mage qu'il apporte : les vnes disant qu'il
opile & qu'il fait des obstructions, les autres qui sont en plus grand nombre, qu'il
engraisse ; & quelques vnes qu'il fortifie
l'estomach ; d'autres qu'il les eschauffe

A

& enflamme: plusieurs asseurant qu'ils
s'en trouuent bien encore qu'ils en prennent à toute heure, & durant mesme les
iours caniculaires. Qu'il m'a semblé à
propos d'entreprendre ce trauail pour l'v-
tilité & contentement du public; essayant
à donner vne preparation du *Chocolate*
qui soit au goust de tout le monde selon
la varieté des ingrediens qu'on y peut
mesler, afin que chacun choisisse ce qu'il
trouuera de plus propre à ses infirmités.
Ie n'ay trouué aucun Autheur qui ait escrit touchant ce breuuage, si ce n'est vn
Medecin de Marchena, bourg de l'Andalouzie, lequel ie crois n'en auoir escrit
que par relation, puis qu'il iugeoit le *Cho-*
colate estre opilatif, d'autant que le *Ca-*
cao, dont il est composé, est froid & sec:
Et afin que cette raison ne soit pas suffisante d'empescher son vsage à certaines
personnes qui ont des obstructions: il m'a
semblé estre à propos de deffendre cette
composition par des raisons de Philoso-
phie, contre tous ceux qui voudront có-
damner vn breuuage si bon & si salubre,
afin qu'on sçache se seruir du moyen de
faire cette paste selon les diuers subiets &

a Nous auons mis
ey apres le dialo-
gue qu'il en a fait

occasions où elle est vtile & profitable, &
selon la moderation qu'on apporte en
son vsage. C'est pourquoy auec la distin-
ction & briefueté possible, ie diuiseré ce
traicté en *quatre* parties. En la *premiere*
i'explique ce que c'est que le *Chocolate,*
qu'elles sont les facultez du *Cacao,* & des
autres ingrediens de cette composition,
où ie rapporteray la recepte du *Mede-*
cin de Marchena, & diray mon opinion
sur icelle. En la *seconde* ie traicte des qualitez qui resultent de la mixtion & composition des simples qui y entrent. En la
troisiesme ie donne le moyen de la faire &
de la mixtionner, & en cōbien de façons
on boit ce breuuage parmy les Indiens.
En la *quatriesme* & derniere ie parle de la
quantité qu'il en faut prendre, comme il
faut s'en seruir, en quel temps, & pour
qu'elles occasions.

PREMIERE PARTIE.

POur ce qui eſt de ce premier article, ie dis que le *Chocolate* eſt vn nom des Indiens, qui vulgairement peut ſignifier certaine confection dans laquelle, outre les autres ſimples & ingrediens, entre pour baſe principale & pour fondement le *Cacao*, de la nature & faculté duquel il faut neceſſairement parler deuant toutes choſes. [a]

Ie dis donc auec la commune opinion de tout le monde que le Cacao eſt froid & ſec ſelon l'excez de ſes qualitez. [b] Il conuient ſçauoir pour l'intelligence de cecy, qu'encore qu'il ſoit vray que tout medicament pour ſimple qu'il ſoit, poſſe-

a. *Chocolate*, ou *Chocollatl*, eſt vn mot Indien qui ſe prend pour vne certaine paſte ou mixtion faicte de pluſieurs ſimples & ingrediens de laquelle on prend certaine portion pour dilayer auec de l'eau commune ou auec quelque autre liqueur pour ſeruir de breu-uage. Ce breuuage icy n'eſt pas commun à tous les Indiens, mais ſeulement à ceux qui habitent l'Amerique Septentrionale, & nommément aux habitans de la nouuelle Eſpagne où croiſt le *Cacao* en abondance lequel ſert de baſe en cette compoſition. Il eſt particulierement viſité en la Mexique, d'où on la tranſporſé en Europe aux lieux qui ont grand commerce & intelligence auec les Mexicains, & c'eſt là où noſtre Autheur l'a pratiqué & veu practiquer cy apres.

b. Noſtre Autheur a dit ſi peu de choſes de l'arbre qui porte le *Cacao*, que nous ſommes obligez de ſuppleer à ſon defaut, & de dôner ſa deſcription que du Laët en ſon hiſtoire Occidentale liure 7. chap. 1. a tirée de François Ximenez en ſon liure de la Nature des Plantes & animaux de la nouuelle Eſpagne, œuure tres-curieux mais tres-rare, qui a eſté imprimé à Mexico. L'arbre du Cacao appellé Cucahuaguahuitl, eſt (dit-il) de la grandeur de & tient en foy les quatre qualitez des elemens : Neantmoins de l'action & re-action qu'elles ont entr'elles, il fort & refulte vne autre qualité diftincte & differente de ces quatre premieres que nous appellons *Complexion* ou *Temperament.* Cefte qualité ou complexion qui refulte de la mixtion, n'eft pas toufiours vne, & ne demeure pas d'vne mefme forte en tous les corps mixtes: mais elle a *neuf efpe-ces* & differences, fçauoir *quatre fimples,* qui ont vne feule qualité fuperieure, *quatre compofées,* qui ont deux qualitez predominantes, mais toutesfois qui s'accordent entr'elles, & que pour ce fubjet font appellées fymbolifantes, & vne *neufiefme* que les Philofophes appellent *ad pondus,* comme qui diroit temperament de poids lors que toutes lefdites

& de mefmes feuilles que l'o-renger, mais plus grandes; (Herrera les compare à celles du chaftaigner) fon fruit eft long & femblable au melon ou pepon, mais il eft rayé, canelé & roux, lequel fe nomme Cacahua-ciatli plain de noix appellées Cacao qui font plus petite qu'vne amande, mais plus côpactes & de bône faueur: les noix font diuifées en deux parties efgales bien iointes & ferrées enfemble. Elle font d'vne rêdre noûrriture, d'vne faueur moyenne entre doux & amer, d'vn temperament va peu froid & humide. Il fe trouue quatre efpeces de cet arbre : la premiere eft appellée Cacahuaguahuirl qui eft la plus gran-

de de toutes & porte grande quantité de fruicts: la feconde eft de mefme nom, de moyenne grandeur portant les feuilles & fes fruicts beaucoup plus petits: la troifiefme eft appellée Xuchicacahuaguahuitl encore plus petite, les fruicts delaquelle font plus rouges au dehors, au dedans du tout femblables aux autres: la quatriefme eft la plus petite de toutes, par ainfi elle eft dite Tlalcacahuaguahuitl, c'eft à dire, petit ou bas arbre de Cacao, laquelle porte vn fruict plus petit que tous les autres, combien qu'il n'en differe en rien quand à la couleur; or tous ces fruicts font de mefmes qualitez & ont mefme vfage, encore qu'on fe ferue du dernier, principalement en breuuage, les autres font plus propres à trafiquer. Au refte on a accouftumé de planter aupres des arbres qui portent le Cacao vn autre arbre qu'ils nomment Atiynam, afin qu'il l'ombrage & le defende des ardeurs & rayons du Soleil, car il n'eft vtile à aucune autre chofe. Il faut voir ce qui en eft efcrit dans le fecond liure de l'Amerique imprimé à Francfort l'an 1602. liu. 4. ch. 22. & dans les Paralipomene pag. 99. dans Iofep Cofta liure 4 de l'hiftoire generale des Indes chap. 21. dans Iean Eufebe de Nuremberg en fon hiftoire Naturelle liure 55. chap. 22. & dans Clufius liure 1. des chofes Eftrangeres chap. 23.

A iij

qualitez fe trouuent balancées, c'eſt à dirē egales en poids & en degrez.

La complexion & le temperament du *Cacao* eſt de ceux qui ſont compoſés, puis qu'il a deux qualitez, ſçauoir la froideur & la fechereſſe ſuperieures & predominantes, leſquelles rendent le corps dans lequel elles fe trouuent adſtringent, opilatif & faiſant des obſtructions, ainſi qu'eſt l'element de la terre. Mais en outre le *Cacao* eſtant vn corps mixte & compoſé des quatre elemens, il doit auſſi auoir quelques parties correſpondantes & proportionnées au reſte des elemens; & particulierement il en a, & non pas peu qui correſpondent à l'elemēt de l'air qui ſont la chaleur & l'humidité, leſquelles qualitez fe trouuent iointes à des parties butyreuſes, veu que l'on tire du *Cacao* vne bonne quantité de beurre pour le viſage, comme i'ay veu pratiquer aux Indes par les *femmes Eſpagnoles* qui ſont nées en ce pays là. Surquoy on peut faire ceſte obiection tirée de la Philoſophie, deux qualitez contraires & diſcordantes ne peuuent fe trouuer en vn degré ſuperieur en vn meſme corps. Or eſt il que le *Cacao* à

Les Eſpagnols les appellent *Criollas*.

la froideur & feicherefle en vn degré fuperieur, par confequent le *Cacao* ne peut auoir la chaleur & l'humidité en degré fuperieur qui font contraires à la froideur & à la fecherefle. La premiere propofition eft tres-certaine & receuë en bonne Philofophie. La feconde eft auffi accordée de tout le monde, partant la conclufion eft tres-vraye & tres-affeurée. On ne fçauroit nier que cet argumét ne foit bien fort; & il eft croyable que ces raifons ayát efté confiderées par ce *Medecin de Marchena* elles l'ont forcé à affeurer que le *Chocolate* faifoit des obftructions & opilations, pource qu'il luy fembloit eftre contre toute Philofophie, de dire que la chaleur & l'humidité foient en vn haut degré dans le *Cacao* que l'on croit affeurement eftre froid & fec. Mais l'on peut refpondre deux chofes à cefte obiection; l'vne le peu de cognoiffance que ce Medecin auoit du *Cacao*, duquel il n'auoit iamais veu tirer le beurre, & que lors que l'on prepare le *Chocolate* fans adioufter aucune chofe à la poudre du *Cacao* fort deffeichée au feu que de la broyer & piler fuffifamment, elle fe lie en pafte figne

affeuré qu'il y a quelque chofe dedans
d'onctueux & de vifqueux qui neceffai-
rement fe rapporte & correfpond à l'element de l'air ; Pour l'autre raifon nous la
puiferons de la fontaine de Philofophie,
& dirons que dans le *Cacao* il y a diuerfi-
té de fubftances : les vnes, c'eft à fçauoir
celles qui ne font pas fi craffes & groffieres, font plus butyreufes & onctueufes
que terreftres ; les autres plus groffieres
font beaucoup plus terreftres que huy-
leufes & butyreufes; dans les premieres la
chaleur & l'humidité font predominantes, dans les dernieres la froideur & la fei-
chereffe. Neantmoins il eft difficile à croi-
re, qu'en vne mefme fubftance & fi petite comme eft le *Cacao*, il y puiffe auoir ces
deux fubftances fi differentes. Mais afin
que cela paroiffe plus facile, veritable,
clair & euident : nous le voyons premierement en la *rheubarbe*, laquelle a des parties chaudes & purgatiues, & d'autres
froides, feiches & adftringentes qui ont la
vertu de fortifier, refferrer, & arrefter le
flux de ventre. Pareillement à voir & à
confiderer *l'Acier* qui eft d'vne fubftance
terreftre, pefante, danfe, froide & feiche :

on

on iugeroit qu'il n'est aucunement propre à oster les obstructions, au contraire
qu'il est propre à les augmenter: & neantmoins on l'ordonne tous les iours comme leur souuerain remede. Ceste difficulté se resout, disant qu'encore qu'il soit
vray que dans l'*Acier* il y a plusieurs parties terrestres & grossieres, il y en a aussi
de sulphurées & qui tiennent du mercu-
re, par lesquelles il est aperitif & oste les
obstructions. Il est vray que cecy ne pa-
roist point que moyennant l'artifice & la
preparatiõ qu'on y apporte; qui est qu'en
le broyant, triturant, & le mettant subti-
lement en poudre, ses parties sulphurées
& mercuriales, comme estant actiues,
subtiles & incisiues se meslent si parfaite-
ment, & exactement auec les terrestres
& adstringentes; que meslées de la sorte
les vnes auec les autres nous ne pouuons
pas dire que l'*Acier* soit adstringent, mais
plustost qu'il incise, attenue, & desopile.

Prouuons ceste doctrine par des autho-
rités, & que la premiere soit de *Galien*, lequel au troisiesme liure des facultés des
medicamens simples chap. 14. tout au
commencement enseigne que presque

B

tous les medicamens qui paroiſſenteſtre
ſimples aux ſens exterieurs, ſont tous cō-
poſés, & ont par ce moyē des qualités cō-
traires, c'eſt à ſçauoir de chaſſer & de re-
tenir, d'eſpaiſſir & de ſubtilizer, de rare-
fier & de ſerrer, dequoy il ne faut s'eſmer-
ueiller veu que leſdits medicamens ont
tout enſemble la vertu d'eſchauffer & de
refroidir, d'humecter & deſſeicher; & qu'ē
chàque medicamēt il ſe trouue des parties
ſubtiles & groſſieres, tenuës & eſpaiſſes,
molles & dures.   Et au chapitre ſuyuant
du meſme liure, il rapporte l'exēple d'vn
vieil coq dont le boüillon laſche le ventre,
& la chair reſſerre : & auſſi de *l'aloës*, lequel eſtant laué perd tout à fait ſa vertu
purgatiue, ou ce qui en reſte eſt fort foible. Or que ceſte difference de vertus
& facultés ſe trouue en differentes ſub-
ſtances ou parties des medicamens, *Ga-*
lien le monſtre au premier liure des facultez des medicamens chap. 17. en donnant
le *laict* pour exemple, dans lequel on
trouue & duquel on ſepare trois ſubſtan-
ces, ſçauoir le *fromage* qui reſſerre & arre-
ſte le flux de ventre : la *ſeroſité* qui eſt purgatiue : & le *beurre* qui nourrit comme

luy mefme explique au treiziefme liure
des Alimens chap. 15. Nous efprouuons
la mefme chofe au *mouft* ou *vin nouueau*
qui a pareillement trois fubftances differentes, la *terreftre* qui eft la *lie*, la *fubtile* qui
eft la *fleur* que nous appellons efcume, &
vne troifiefme qui eft proprement le *vin* :
& chacune de fes fubftances à fes diuerfes
facultez & vertus en couleur, en faueur,
& en autres accidens. *Ariftote* au quatriefme liure des meteores chap. premier
traictant de la pourriture, recognoift ces
mefmes fubftances diuerfes & differentes
comme les plus curieux pourront voir
s'ils prennent la peine de lire le chap. fuy-
uant du mefme autheur. Et ainfi felon la
doctrine de *Galien* & *d'Ariftote* on affi-
gne diuerfes fubftances en chafque partie
du mixte fous vne mefme forme & quantité. Ce qui eft grandement conforme à
la raifon fi nous confiderons que de chacun aliment pour fimple qu'il foit il fe
produit & engendre dans le foye quatre
humeurs, non feulement differentes de
temperament, mais auffi de fubftance; &
il s'engendre plus ou moins de telle humeur, felon que tel aliment a plus ou

moins de parties conformes à la substance de l'humeur qui se produira en plus grande quantité. Et ainsi aux maladies froides nous ordonnons des alimens chauds, & aux chaudes des alimés froids.

De tous ces exemples si euidens & de plusieurs autres que l'on pourroit rapporter à ce subiet, on peut recueillir que quád on broye & pile le *Cacao*, les substances qu'il a naturellement differentes en ses diuerses parties se meslent si artistement & exactement les vnes auec les autres, les grasses & butyreuses chaudes & humides auec les terrestres, froides & seiches (comme nous auons dit de *l'Acier*) que ces dernieres sont reprimées & corrigées, desorte qu'elles ne sont plus si astringentes qu'auparauant, mais auec vne mediocrité ou moderation plus penchante au temperament chaud & humide de l'air, qu'au froid & sec de la terre: comme il se recognoist lors que nous voulons reduire le *Cacao* en breuuage: Car à peine à t'on donné deux tours auec le *molinet* qui est vn instrument de bois duquel ils se seruent à cet effet, quel'on void esleuer vne escume crasse qui nous tesmoigne bien

Maradon en son Dialogue dit qu'il est fait comme vn fuseau dont on tort le fil en Espagne.

qu'il y a beaucoup de parties butyreuses dans le *Cacao*.

De tout ce que dessus nous colligerons que cet *Escriuain de Marchena* s'est grandement trompé touchant le *Chocolate* qu'il a dit faire des obstructions, à cause que le *Cacao* est adstringent: comme si ladite adstriction n'estoit assez corrigée par le meslange exacte des parties les vnes auec les autres, moyennant comme il a esté dit, la trituration. Outre qu'y ayant auec le *Cacao*, tant d'autres ingrediens chauds de leur nature; il faut par necessité qu'ils fassent leur effect qui est d'inciser & attenuer, & non pas opiler & boucher. Et certes il ne falloit point d'autres exemples n'y d'autre doctrine pour preuue de ceste verité que ce que nous voyons dans le propre *Cacao*; lequel si on ne le broye & prepare comme il est dit pour faire le *Chocolate*, ains le mangeant ainsi qu'il est en fruict comme le mangent les femmes Espagnoles nées aux Indes; fait de notables estouppemens & obstructions, non pour autre raison sinon que les diuerses substances & parties ne soit pas si exactement & parfaictement meslées enfemble par la feule maftication, comme elles le font par la trituration artificielle que l'on y apporte.

Dauantage noftre aduerfe partie deuoit confiderer & fe fouuenir des premiers rudimens & principes de Philofophie qui difent que d'vne propofition particuliere *& à dicto fecundum quid*, il n'en faut pas tirer vne generale & *ad dictum fimpliciter*; Par ainfi qu'il ne fert de rien de dire cet homme à les dents blanches par confequent cet homme eft blãc; car il fe peut faire qu'vn homme qui a les dents blanches foit noir. Il ne fert auffi rien de dire, le *Cacao* eft aftringent par confequent là confection que l'on faict de luy & d'autres ingrediens eft adftringente.

L'arbre qui porte ce fruict eft fi delicat & la terre où il croift eft fi exceffiuement chaude, que de peur que le Soleil ne le brufle & deffeiche, ils y plantent d'autres arbres, & apres qu'ils font grãds & accreus ils plãtét l'arbre du *Cacao*, afin que lors qu'il viendra à fortir de la terre, les autres luy feruent de pauillon. Son

Ces arbres s'appellent Athlynam vulgairement les Meres du Cacao

fruict mesme n'est point nud ny descou-
uert mais dix ou douze *Cacao* sont enfer-
mez & comme fourrez dans vne mesme
Coque, ainsi que dans vne petite calebasse
grosse comme vne figue hastiue & quelquefois plus grosse de mesme forme &
couleur que ladite figue.

Il y a deux especes de *Cacao* l'vne est ordinaire de couleur brune tirant sur le rouge, & l'autre plus large & plus grande appellée *Patlaxté*, laquelle est grande &
grandement desiccatiue, & qui pour ce
subjet tient la personne esueillée & oste le
sommeil; c'est pourquoy ceste-cy n'est
pas si propre que le *Cacao* ordinaire, &
voyla ce qu'on peut dire touchant ce
fruict.

Pour ce qui est des autres ingrediens
que reçoit nostre confection de *Chocolate*, ie trouue beaucoup de diuersité, pource que les vns y mettent du *poivre noir* &
de Tauasco, lequel pour estre fort chaud
& fort sec ne conuient qu'à ceux qui
ont le foye bien froid. Vn Docteur en
Medecine de l'Vniuersité de Mexique a
esté de cet aduis; lequel ainsi qu'vn cer-

tain Religieux digne de foy m'a asseuré, luy semblant que le poiure noir n'estoit propre pour le *Chocolate* pour prouuer son aduis, & donner à cognoistre que le poiure appellé *Chile*, qui est le poiure de Méxique estoit meilleur; fist ceste experience sur vn foye de mouton: dans la moitié duquel ayant mis du poiure noir, & dans l'autre moitié du poiure de Meque, dans les vingt quatre heures on trouua le costé ou estoit le poiure noir tout desseiché; & l'autre costé ou estoit le poivre de Mexique humide & succulent comme si on n'y eust rien mis.

La recepte de nostre *Escriuain de Marchena* est telle, *sept cens Cacao, vne liure & demye de sucre blanc, deux onces de Canelle, quatorze grains de poiure de Mexique appellé Chilé ou Pimiento, demye once de cloux de girofle, trois petites gousses de Campeche ou en son lieu le poids de deux reales d'anis, aussi gros qu'vne noisette d'Achiote qui soit suffisant pour luy donner couleur;* quelques vns y adioustent *des Amandes, des Noysettes, & de l'eaue de fleurs d'Oranges.*

Touchant ceste recepte, ie diray premierement

nierement que sur ceste formé, on ne
peut pas chausser tous les hommes qui
ont des maladies, ou qui y sont disposez:
mais il y faut adiouster, ou oster selon la
necessité & le temperament d'vn chacun.
Pour le *succre* encore que l'on y en mette
lors que l'on boit le *Chocolate*: Iene trouue pas mauuais d'y en ietter parmy la
quantité que ie diray. On y en met aussi
& fait on des tablettes de *Chocolate* par
friandise, comme font les Dames de Mexique, & qui se vendent dans les bouti-
ques pour manger ainsi que des confitu-
res.

Les *clous de girofle* que le mesme autheur met en ceste composition, ny sont
point admis par ceux qui entendent bien
la façõ de faire de breuuage, fondez peut
estre sur ce qu'ils resserrent le ventre, bien
qu'ils ayent la proprieté de corriger la
mauuaise haleine & puanteur de bouche,
comme il a esté remarqué par vn docte
personnage en ces vers.

Fœtorem emendant oris caryophila fœ-
　　dum,

　Constringunt ventrem, primaque mem-
　　bra iuuant,

C

C'eſt à dire,

Le girofle rend bonne halaine
Reſerre le ventre coulant
Et va l'eſtomach conſolant.
Lors que l'aliment luy fait peine.

Et ainſi pour eſtre adſtringens on ne s'en doit point ſeruir bien qu'ils ſoient chauds & ſecs au troiſieſme degré, & qu'ils aydent les parties de la coction qui ſont l'eſtomach & le foye, comme diſent ces vers.

Tout le monde met dans ceſte compoſition les petites gouſſes de *Campeche* qui ſont fort belles & de l'odeur quaſi de fenoüil à cauſe qu'elles n'eſchauffent pas beaucoup. Et n'empeſchent pas qu'on n'y adiouſte l'*Anis*: comme a penſé l'autheur de la recepte: eſtant certain qu'on ne fait iamais le *Chocolate* ſans *Anis*. Car eſtant chaud au troiſieſme degré il eſt propre à beaucoup de maladies froides & tépere la froideur du *Cacao*. Et afin qu'on voye à quels membres froids il profite, ie rapporteray quelques vers d'vn curieux.

Morboſos renes, veſicam, guttura, vuluã,
Inteſtina, iecur, cumque liene caput
Confortat, variíſq; aniſum ſubdita morbis

Ie n'ay point veu encore en aucun autheur la deſcription de ces gouſſes de *Campeche* ny de la plante qui les produit Elles ſemblent auoir pris leur nom de la ville de Cã. eche qui eſt en la prouince Yucatana de la nouuelle Eſpagne, auſſi bien qu'vne certaine eſpece de breſil qu'on appelle bois de Campeche, qui ſert aux tinturiers, & qu'on apporte en tresgrande abondance en noſtre Europe Laët en ſon liure chap. 28. des Indes Occidentales, a opinion qu'il ſoit tiré d'vn arbriſſeau appellé Cuburaqua par les Taraſquains & Quammocheti huitzquahuitl par les Mexiquains qu'il deſcrit au liure 5 chap. 23 mais ces bois là n'ont rien de commun auec nos gouſſes qui entrent dans le *Chocolate*, leſquelles ſont peut eſtre de meſme qualité que le fenoüil, puis qu'elles en ont l'odeur, & que l'autheur de Marchena dit que l'on peut ſubſtituer en leur place l'*Anis*.

Membra , istud tantum vim leue semen
habet.

C'eft à dire,

L'Anis par vertu souueraine
  Conforte les membres laffez,
  Il oste les maux amaffez,
  Par le feul effect de fa graine
  Les reins & la veffie malade
  La ratelle & la bouche fade
  Le foye gros de vens mutins,
  La matrice & les inteftins
  Et autre partie engagée
  Se trouue par luy foulagée.

L'*Achiote* ᵃ mis de la groffeur d'vne noyfette ne fuffift à donner la couleur à cefte grande quantité d'ingrediens contenus en la recepte : il faut s'en rapporter à celuy qui fait la compofition, lequel en prendra autant qu'il verra eftre neceffaire pour la teindre & colorer.

Ce n'eft pas mal fait d'adioufter les *Amendes* ᵇ & les *Noifettes*, d'autant qu'elles

ᵃ Cefte teinture eft tirée d'vn a bre fruitier que les vns appellent Achiotl, d'autres Changuarica, & d'autres Pamaqua, voicy côme il eft decrit par François Ximenes au rapport de Laet liure 5. ch.3. C'eft vn arbre femblable en grâdeur, trôc & forme à l'oréger, fes feuilles font côme celles de l'orme en couleur & afpreté, l'efcorce, le tronc & les brâches font roux tirant fur le verd, fes fleurs font grandes diftingués en cinq fueilles à la façon des eftoilles, d'vne couleur blâche pourprine, le fruict eft femblable aux premieres efcorces de chaftaigne de forme & grandeur d'vne petite amande verde, quadrangulaire & qui s'oute eftant meur, contenant certains grains femblables à ceux des raifins, mais beaucoup plus rôds. Les fauuages l'ont en grâde eftime & le plâtêt aupres de leurs maifons, il verdit toute l'année & porte fon fruict au Printemps, auquel têps on a de couftume de le tailler, pource que de fon bois on en tire du feu comme d'vn caillou, fon efcorce eft fort propre à faire des cordes qui font plus fortes que du chanure mefme, de fa femence on en fait de la teinture cramoyfie rouge, de laquelle les peintres fe feruent : on s'en fert auffi en Medecine, pource qu'elle eft de qualité froide eftant beüe auec quelque eaue de mefme qualité, ou appliquée au dehors, elle tempere l'ardeur de la fiebure, arrefte la dyfenterie, enfin on la mefle auec grâde vtilité en toutes les potions refrigerâtes, d'où vient que l'on la mefle auec le breuuage de *Chocolate* pour rafraichir, & luy donner bon gouft & belle couleur, la mefme defcription eft auffi dans Ioa. Eufebe de Nuremberg au 15. liure de fon hift nat. chap. 48.

ᵇ Noftre autheur parlant des Amendes entend celles des Indes & non celles de l'Europe. Voycy ce que dit Iof. Acoſta en ſon hiſt. nat. liure 4 ch. 29. des Amã- des Ind. ennes. Il y a vne autre eſpece de Cocos qui ont dedans leur noyau vne quantité de pe- tits fruicts comme Amandes, à la fa- çon des grains de grenades. Ces A- mandes ſont trois fois auſſi grandes que celles de Ca- ſtille & leur reſſẽ- blent au gouſt, en- core qu'elles ſoiẽt vn peu plus aſpres &ſõt auſſi humides & hailleuſes, c'eſt vn aſſez bon mãger auſſi ils s'en ſeruẽt en delices faute d'a mandes pour faire des maſſes pains & autres telles cho- ſes ils les appellẽt Amandes des An-

ſont meilleures que le Mays & que le Pa-
nis qui y ſont mis par quelques vns pour
donner corps à la compoſition.   Et ainſi
i'en mettrois en toutes les eſpeces du *Cho-*
colate, car outre les commoditez que i'ay
cy-deuant rapportées, elles ſont chaudes
moderement, & ont vn ſuc delicat principalement les ſeiches, les vertes & les
nouuelles ny eſtant pas propres, mais pluſtoſt nuiſibles, ſelon qu'vn certain homme docte à mis en ces vers.

Dat modicum calidum dulciſque amygda-
la ſuccum,
Et tenuem inducunt plurima damna
noua.

des pource que ces Cocos croiſſent abondamment és Andes du Peru, & ſont ſi forts &
durs que pour les ouurir il les faut frapper rudement auec vne groſſe pierre. Quand ils
tombent de l'arbre s'ils r'encontroient la teſte de quelqu'vn, il n'auroit beſoin d'aller
plus loing. Et ſemble vne choſe incroyable que dans le creux de ces Cocos qui ne ſont
pas plus grands que les autres ou gueres dauantage, il y a neantmoins vne telle multitu-
de & quantité de ces Amandes: Mais en ce qui concerne les Amandes & tous les autres
fruicts ſemblables, tous les arbres doiuent ceder aux Amandes de Chachapoyas, leſquelles ie ne peux autrement appeller. C'eſt le fruict le plus delicat, friand & plus ſain de tous
ceux que i'ay veu aux Indes. Voire vn docte Medecin aſſeuroit qu'entre tous les fruicts
qui ſont és Indes ou en Eſpagne, nul n'approchoit de l'excellence de ces Amandes. Il y
en a de plus grandes & de plus petites que celles que i'ay dit des Andes, mais toutes ſont
plus groſſes que celles de Caſtille. Elles ſont fort tendres à manger, ont beaucoup de
ſuc & de ſubſtance, & comme onctueuſes & fort agreables, elles croiſſent en des arbres
tres hauts & de grand feuillage. Et comme c'eſt vne choſe precieuſe, nature auſſi leur a
donné vne bonne couuerture & defenſe, veu qu'elles ſont en vne eſcorce quelque peu
plus grande & plus poignante que celle des chaſtaignes, toutesfois quand ceſte eſcorce
eſt ſeiche l'on en tire facilement le grain. Ils racontent que les ſinges qui ſont fort
friands de ce fruict, & deſquels il y en a grand nombre en Chachapoyas du Peru (qui eſt
la contrée de toutes ou ie ſçache qu'il y ait de ces arbres) pour ne ſe piquer en l'eſcorce
& en tirer l'amande les iettent rudement du haut de l'arbre ſur les pierres, & les ayant
ainſi rompues les acheuent d'ouurir pour les manger à leur plaiſir.

L'amande prise par mesure
Donne vn doux & sain aliment
Mais prise lors qu'elle n'est meure
N'apporte rien que du tourment.

Doncques les *Noysettes* [a] ne sont pas aussi hors de propos, puis qu'elles ont mesme temperament que les Amandes: encore que pour estre plus seiches elles approchent plus du temperamēt bilieux. Mais aussi elles corroborent le ventre & l'estomach bien seichées au feu & comme grillées ainsi qu'on les prepare pour ceste composition, empeschant en outre que les vapeurs ne montent du ventre au cerueau comme le mesme autheur à escrit.

Bilis auellanam sequitur, sed roborat aluū
Ventris & à fumis liberat assa caput.

C'est à dire,

La noysette engendre la bile
Elle tient le ventre fermé
Quand elle est rostie elle opile
Et reprime l'air enfermé
Qu'il ne monte iusqu'à la teste
Pour y former quelque tempeste.

C'est pourquoy elles sont tres vtiles à ceux qui ont des vétositez & des fumées

[a] Christophe Acosta en son liure des Aromates chap 18. descrit les noysettes des Indes en ceste sorte. Le noysetier est vn fort grād arbre, droit, delié rond & d'vne matiere fongeuse Il a les feuilles plus lōgues & plus larges que la Palme qui porte le Cocos, & qui sortent de la sōmité de l'arbre, entre lesquelles sortent de petites verges déliés pleines de petites fleurs blāches & presque sans odeur, d'où s'engendre le fruit appellé *areca*, grād comme des noix qui n'est pas toutesfois rond, mais en ouale en forme d'vn petit œuf de poule, l'escorce exterieure est merueilleusement verde deuant que d'estre meure, estant meure elle deuiēt grandement iaune à la façon des dattes biē meures, celle escorce est d'vne substance molle & velue qui contient vn fruit gros comme vne grosse chastaigne,

blanc,dur,plein de qui montent des hypochondres au cer-
petites veines rou
ges que les habitás ueau où elles causent des songes turbu-
mangent. Estant
encore verd ils le lens & des imaginations fascheuses.
mettent sous le sa-
ble pour le rendre 　Ceux qui meslent le *Mays* [a] ou le *Pa-*
meilleur & plus
agreable,quelque *niz* [b] dans le Chocolate font tres-mal,
fois ils le mangent
auec les feuilles de pource que ces deux drogues là engen-
Bethel,autrefois
ils le rompent & le drent l'humeur melancholique au rap-
font seicher au So-

leil,& puis s'en seruent grandement en leur manger & en leurs potiôs adstringentes:pour
l'escorce ils s'en nettoyent les dents Il y a vne autre espece de noysette qui croist en l'Isle
de S. Dominique qui est purgatiue, mais ce n'est pas elle qu'on messe auec le *Chocolate.*
Elle est descrite par Ouiedo en son hist.des Indes liure 2. ch. 4. & en suite par Monardes
en son liure ch 47.

b Ce que les Indiens appellent Mays nous l'appellons bled d'Inde ou froment de Tur-
quie, qui est commun , qu'il n'est besoin de le descrire dauantage. François Xime-
ne: au rapport de Laet liure 4.ch 7 en parle tres-dignement en ces termes La difference du Mays se prend de la couleur de ses espics (que le commun appelle Mazorcas)
laquelle varie grandement, car les vns sont de couleur blanche, les autres de rouge, il y
en a presque de noirs, d'autres pourprés bleus & bigarrez de diuerses couleurs (ce qui
se doit entédre de l'escorce de dessus , car la farine en est blâche)&c. Au reste s'il y a aucun
bled que Dieu ait fait qui soit de qualité temperée & de grande nourriture , c'est
sãs doute le Mays(que les Mexicains appellent Tlaolli) car il n'est ny chaud ny froid mais
moyen entre les deux comme aussi ny humide ny sec, mais du tout temperé entre les
deux,bien loin d'estre de grosse & visqueuse substáce, voylà pourquoy ceux qui l'ont iugé
estre de grossiere & visqueue nourriture & engendrer des obstructions,le sôt fort trópez.
on a trouué le contraire és Sauuages qui en viuent ordinairement,parce que iamais ils ne
sont trauaillez d'obstructions , & n'ont iamais mauuaise couleur , mais au contraire ils
asseurent qu'il se digere ayement & ayguise l'appetit, que mesme auant la venue des Es-
pagnols ils ne sçauoient que c'estoit des douleurs nephritiques:enfin il ne se trouue aucū
plus excellent remede entre les Sauuages à l'encontre des maladies aigues Ce que l'experience tesmoigne abondamment, car le Mays bouilly en l'eau nourrist suffisamment le
corps & se digere sans aucune difficulté ou nuyssance , il adoncit la poitrine, tempere la
chaleur des fiéures, principalement la poudre de sa racine trempée dans l'eau & expo-
sée au froid du soir, & puis apres beue. Or ce Mays bouilly n'est pas seulement vne loua-
ble & saine viande,mais peut aussi estre donné sans crainte aux malades aussi bien qu'aux
sains, aux ieunes qu'aux vieux,aux hommes & aux femmes & de quelque condition qu'ils
soient , enfin en toutes maladies sans mal ny peine. On dit en outre qu'il prouoque l'vrine, & nettoye les conduits.Puis donc que le Mays pris comme il appartient apporte mille commoditez & nul dommage (si ce n'est qu'on veuille dire qu'il augmente par trop le
sang & la bile)on ne doit point escouter ceux qui affirment qu'il est plus chaud que le fro,
ment qu'il se digere plus dificilement & qu'il engendre des obstructions. Suyuons plustost les Medecins Mexicains, qui ayant rejetté la ptisane comme ennuyeuse aux malades
ont mis en sa place l'Atolle duquel nous parlerons cy-apres. Ie passe icy sous silence la
façon comme on fait le pain du Mays qui est descrite par le mesme Laet à la fin de ce chap.
Lopez, Acosta, le premier & second tome de l'histoire de l'Amerique , & de Lery ont am-
plement parlé du Mays.

a Par ce Paniz il ne faut pas entendre le vulgaire, mais celuy des Indes qui est descrit par port du mefme autheur.

Craffa melancholicum praeftant tibi Pani-
    ca fuccum

    Siccantfe ponas membra gelantq; foris.
C'eft à dire,

Le Panet en feichant fait la melancholie
    Appliqué fur le corps le gele & mortifie.

Il eft tres-certain auffi que l'vn & l'autre eft venteux, & que l'on ne les met en
cefte côfection que pour le profit & pour
augmenter la quantité du *Chocolate*, chafque boiffeau de *Mays* ne leur couftant
que feize reales, faifant reuenir chafque
liure à huict reales qui eft le iufte prix de
la liure du *Chocolate*.

La *Canelle* [a] chaude & feiche au troifié-
me degré eft bonne pour l'vrine & pour
les reins atteins de maladies froides, &
auffi pour les yeux, & en effect elle eft
cordiale, comme à remarqué certain autheur,

Commoda & vrina cynamomum & re-
    nibus affert,

    Lumina clarificat dira venena fugat.
C'eft à dire,

La Canelle eft bonne à l'vrine
Fortifiant les reins qui la vont produifant,

Dodonée en fa
quatriefme partie
de l'hift. des Plantes
liure 7. chap. 16 &
par Dalechant dans
le grand Herbier li-
ure 4. ch 20. comme
auffi par Lobel p 25.
de fes Obferu. & par
Pena en la pag. 15.
de fon liure.

[a] Il y a apparence
que noftre autheur
parle de la Canelle
des Iades Occiden-
tales, & non de la
Canelle d'Orient,
laquelle eftoit in-
cognue en la nou-
uelle Efpagne deuât
que les Efpagnols
l'euffet defcouuer-
te. Cefte Canelle cy
eft defcrite par Mo-
nardes en fon hift.
des Plantes ch. 25.
Laet en fon liure 10.
ch. 16. dit que l'ar-
bre de la canelle eft
de la grandeur d'vn
oliuier produifant
certaines bourfettes
auec leurs fleurs
qui eftant broyées
approchét en quel-
que façon à l'odeur
ou gouft de la ca-
nelle d'Oriét. Mo-
nardes remarque
qu'on fefert pluftôt
de leur fruict que
de leur efcorce, &
qu'eftant mis en
poudre qu'il fortifie
l'eftomach, chaffe
les vents, fait bonne
haleine, ofte les
douleurs du ventre,
ayde le cœur &
donne bonne cou-

Elle esclarcit les yeux, & du venin cuysant
Elle destourne la ruine.

L'*Achiote* [a] a vne chaleur incisiue &
attenuatiue comme il est euident par la
practique ordinaire des Medecins des
Indes qui ont esprouué ses effects : aussi
l'ordonnent ils pour inciser & attenuer
les humeurs grossieres qui causent la
courte haleine qu'on appelle Asthme, &
la suppression d'vrine. Et ainsi de la mesme façon il peut profiter contre toutes
sortes d'opilations lesquelles nous tas-
chons de destruire, soit qu'elles se ren-
contrent en la poictrine, soit en la region
du ventre, ou en quelque autre part.

Quant au *Chiles* [b] (qui est le poiure noir
de Tauasco) ie dis qu'il y en a de quatre
sortes ; les premiers s'appellent Chilco-
tes ; les seconds qui sont fort petits Chil-
tecpin ; lesquelles deux especes sont fort
mordicantes & picantes ; les troisiesmes
sont nōmés Tonachiles qui sont chauds
moderement, puis que l'on les mange
auec du pain ainsi qu'on fait les autres
fruicts, bien qu'ils soient moderement
amers & ne croissent en autre lieu qu'aux
marests de Mexique ; les quatriesmes sont
appellés

leur mesté auec les viandes, ainsi que la vraye canelle.

a La vertu que donne nostre autheur à l'Achiote ne s'ac- corde pas auec cel- le qui luy est attri- buée par François Ximenes, car celuy- ci la tient rafrai- chissante & celuy-là eschauffante. Quoy que ce soit la con- sequence n'est pas grande eu esgard à la petite quantité qui entre dans le Chocolate.

b Il y a deux sortes de Chiles ou Chilli, l'vn d'Orient qui est le Zingembre du- quel le pere Eusebe de Nuremberg a fait son 37 ch. du 15 liure de son hist. & l'autre d'Occident qui est le poiure de Mexique, & qu'on appelle poiure de Tabasco, pource qu'il croist en gra- de abondance en ceste prouince de la nouuelle Espagne. Nostre autheur fait de cestui-cy quatre especes, mais le Pe- re Iean Eusebe en fait bien dauantage au ch. 30. du mes-

appellés Chilpatlagua qui font fort larges, mais qui ne font pas fi picquans que
les deux premiers, ny fi peu picquans que
les troifiefmes, & font ceux que l'on met
dans la compofition du Chocolate.

Il y a d'autres ingrediens que l'on met
dans la compofition dont l'vn s'appelle
Mecafuchil[a], & l'autre *Vinacaxtli*[b], que
l'on peut nommer en noftre langue *petites
oreilles*, qui font fleurs odorantes, aromatiques, & chaudes. Le *Mecafuchil*[c] eft
purgatif, puis que les Indiens en font vn
fyrop pour purger. Ceux qui font en Efpagne au lieu du *Mecafuchil* pourront
mettre dans la confection la poudre des
rofes d'Alexandrie pour ceux qui auront

me liure, que les curieux pourrôt aller voir. Laet dit au dernier chap. de fon ς liure, que ce fruit vient d'vn arbre domeftique appellé *Xocoxchitl*, lequel eft fort grand, ayãt les feuilles d'orenger fort odorantes. Ses fleurs font rouges comme grenats de la mefme odeur que celles des oranges agreables & douces, les fruicts en font ronds & pendans par grappes qui font au commencement verds, & puis apres roux, & à la fin noirs, d'vn gouft acre & mordace, & de bonne odeur, chauds & fecs au troifiefme degré, de forte qu'il peut eftre mis au lieu du poivre, & on s'en peut feruir chez les Apothicai-

res au lieu du Carpobalfamum, les Efpagnols l'appellent poivre de Tabafco.

a Cefte plante eft defcrite par Laet en fon ς liure chap. 4. C'eft vne herbe (dit-il) appellée Mecaxuchitl rempant fur terre, les tuyaux de laquelle font à trois coftez contournez
& legers excepté où les queuës des feuilles fortent, lefquelles feuilles font grandes efpef-
fes & prefque rondes, odorantes & d'vn gouft acre, elle porte fon fruict femblable au
poivre long, lequel ils meflent auec le breuuage de Cacao qui eft le Chocolate auquel il
donne vne agreable faueur ; il corrobore le cœur & l'eftomach, attenue les craffes & len-
tes humeurs & eft vn remarquable Alexipharmaque contre les venins, il a rapporté mefme la figure du fruict. On peut voir fes autres vertus dans le P Iean Eufebe liure 14. chapitre 62.

b I'ay peur ou quel'autheur fe foit trompé ou qu'il y ait faute en l'impreffion, & que au
lieu de *Vinacaxtli* il ne faille mettre Xuchinacuztli ou Huchmacuztli. qui eft vn arbre
dont la fleur eft appellée par les Efpagnols Flor de la oreia, fleur à oreille, à caufe de la
reffemblance qu'elle a auec l'oreiie, elle eft compofée dit Laet liure ς. ch. 4. de feuilles
pourprées au dedans, au dehors verdes & difpofées en forte qu'elles reprefentent vne
oreille. Elle eft d'vne fort douce & agreable odeur.

c Noftre autheur s'eft abufé en donnant au Mecaxuchitl vne vertu purgatiue, difant
que les Indiens en font vn fyrop pour purger. Tous ceux que i'ay veu qui ont defcrit cefte fleur ne luy ont point attribué cefte faculté Ie croy donc qu'il a pris le fyrop de Mat-
lalzaric faict de racine de Zarziparille pour celuy de Mecaxuchitl.

2　Pour monftrer que noftre autheur fe peut abufer, ie vay produire deux ingrediens du Chocolate defquels il n'a faitaucune mētion, l'vn eft la fleur d'vn certain arbre refineux qui iette vne gomme côme le ftyrax d'vne plus

befoin d'auoir le ventre lafche. I'ay rapporté tous les ingrediens ᵃ du *Chocolate,* afin que celuy qui y aura plus d'affection ou de neceffité choififfe ceux defquels il aura plus de befoin felon la maladie qui le trauaille.

belle couleur, fa fleur eft femblable à celle de l'orenger d'vne bonne odeur qu'ils meflent auec le breuuage de Cacao qui eft le Chocolate, & eftiment qu'elle eft bonne pour l'eftomach. L'autre ingredient eft la gouffe du Tlixochitl qui eft vne herbe rampante ayant les feuilles femblables au plantain mais plus longues & efpaiffes, elle monte le long des arbres & les embraffe & porte des coffes ou gouffes longues & eftroictes & quaſi rondes, qui fentent le baume de la nouuelle Efpagne, ils meflent ces gouffes auec leur celebre breuuage de Cacao: leur pulpe eft noire pleine de petites femences comme celles du pauot, on dit que deux d'icelles trempées en eau prouoquent puiffammeut l'vrine. Voy Laet, liure 5.chap 4. & liure 7.chap: 4.

SECONDE PARTIE.

Vant au fecond article, ie dis qu'il eft à obferuer, qu'encore qu'il foit tres-veritable, que bien que l'on mefle parmy le *Cacao* tous ingrediens chauds, toutesfois la quantité du *Cacao* vient à eftre plus grande que tous les autres, & par ainfi les autres ne feruent qu'à reprimer les parties froides dudit *Cacao.* De forte que tout ainfi que de deux medicamens de contraires qualitez, nous veñons par artifice à en faire vn seul qui est temperé & moderé : tout de mesme par l'action & reaction des parties froides du *Cacao*, & des autres ingrediens chauds, le *Chocolate* prend vne qualité temperée & moderée fort peu esloignée de la mediocrité : & quand nous voudrions nous hazarder de dire (en ne mettant dans le *Chocolate* ny poivre, ny girofle, mais seulement vn peu d'anis comme ñous dirons cy-apres) qu'il est purement temperé, nous le pourrions prouuer & par experience & par raison. Par experience supposant ce que dit *Galien*, que tout medicamēt temperé eschauffe ce qui est froid, & refroidit ce qui est chaud; dōnant pour exemple l'huille rosat : par experience disje, qu'estant aux Indes ceux du pays fondez sur ce qui se practique en ces quartiers-là me voyant arriuer tout eschauffé de visiter mes malades demandant vn peu d'eau pour me rafraichir, me persuadoiēt de prendre vn *gobelet de Chocolate* auec le- Xicara, quel i'appaisois ma soif : & si ie le prenois le matin à ieun il m'eschauffoit & fortifioit l'estomach. Prouuons-le maintenāt par raison. Nous auons demonstré que

toutes les parties du *Cacao* n'estoient pas
froides, pource que nous auons fait voir
que les butyreuses qui sont en grand nõ-
bre sont chaudes ou temperées. Doncques encore qu'il soit vray que la quantité du *Cacao* est plus grande & plus forte
dans le *Chocolate* que tous les autres ingrediés ; les parties froides qui luy corres-
pondent ne reuiennent pas tout au plus
que comme à la moitié, & ainsi encore
que toutes ensemble viennent à surpas-
fer, attendu qu'elles demeurent vn peu
reprimées par la trituration par le moyen
des parties chaudes & butyreuses du
Cacao, & d'autre part encore par les autres ingrediens chauds en second & troi-
siéme degré qui ont vne qualité plus acti-
ue, il faut que cela se reduise à vne mediocrité. Tout de mesme que l'on void
en deux personnes qui se touchent les
mains, l'vne desquelles les a froides &
l'autre chaudes : les chaudes se refroidis-
sent & les froides s'eschauffent, les vnes
& les autres finablement demeurent sans
aucun excez de chaleur, ny de froideur
qu'elles auoient auparauant & deuiennent enfin temperées. Semblablement

ceux qui luittent au commencement ils
ont leurs forces entieres, mais en suite par
l'action & reaction des deux contraires
luictans ensemble, elles s'affoibliffent &
diminuent tellement que le combat pa-
racheué elles demeurent allanties les vnes
& les autres. C'eft le fentiment *d'Ariflote*
au quatriefme de la generation des animaux chap. troifiefme qui dit, que tout
agent patit, auffi bien que le patient, ainfi
qu'on void que ce qui couppe eft emouf-
fé par la chofe qui eft couppée, que ce qui
efchauffe fe refroidit, & que ce qui pouf-
fe eft en quelque façon repouffé.

Ie recueille de tout cecy qu'il vaut
mieux fe feruir du *Chocolate* quelque téps
apres auoir efté fait que tout fraifchement
laiffant paffer pour le moins vn mois entier : m'imaginant que ce temps eft neceffaire, afin que les qualitez contraires des
ingrediens s'affoibliffent, & qu'elles foiēt
reduites à vne mediocrité & temperature
conuenable : pource que comme ainfi foit
qu'au commencement chafque contraire
veut imprimer & faire fon effet; la nature
ne fouffre pas qu'il puiffe s'efchauffer &
refroidir en mefme temps. C'eft la caufe

pourquoy *Galien* au douziefme liure de
la Methode, conseille de laisser passer vn
an ou pour le moins six mois deuant que
se seruir du *Philonium*, pource que dans
ceste composition il y entre du suc de pauot appellé *Opium* qui est froid au quatriefme degré, & du poivre auec quelques
autres ingrediens qui font chauds au troi-
siefme. Ceste doctrine est confirmée par
la practique de quelques vns que i'ay
priez de me dire quel *Chocolate* ils trou-
uoient le meilleur; & m'ont refpondu
que c'est celuy qui est fait il y a quelques
mois & que le recent leur faifoit du mal
& leur relafchoit l'eftomach, pource qu'à
mon aduis, les parties graffes & butyreufes ne font pas tout à fait corrigées par les
parties terreftres du *Cacao*, & cecy ie le
prouue par ceste raifon comme ie diray
cy apres, que fi l'on donne vn bouillon
au Chocolate pour le boire ce qu'il y a de
craffe & de butyreux en luy fe fepare & relafche l'eftomach (encore qu'il foit vieil)
comme s'il eftoit fraifchement fait.

Pour donc refoudre ce fecond article
il faut auoüer que le *Chocolate* n'eft point
fi froid que le *Cacao*, ny auffi fi chaud que

les autres ingrediens, mais que par l'actiõ
& reaction d'iceux il prouient vne complexion moderée qni peut seruir pour les
estomachs qui sont froids & pour ceux
qui sont chauds; pourueu qu'il soit pris
en mediocre quantité , comme ie diray
tantost, & qu'il ait esté fait vn mois deuant ainsi qu'il a esté dit. De façon que ie
ne sçay qui est celuy qui ayant experimẽ-
té ceste confection selon qu'il conuient
póur chasque indiuidu, en puisse dire du
mal : outre que tout le monde s'en seruant vniuersellement il n'y a presque personne qui n'en dise du bien tant aux Indes qu'en Espagne. *Ce Medecin de Mar-*
chena n'a donc point eu de raison de dire
que le *Chocolate* faisoit des obstructions;
puisque s'il estoit ainsi le foye estant opilé
tout le corps viendroit à s'amaigrir. Or
nous voyons par èxperience le contraire
en ce que le *Chocolate* engraisse, dequoy
ie donneray raison cy-apres , & voyla
pour le second poinct.

TROISIESME PARTIE.

Yant traicté au premier article de la definition du *Chocolate*, de la qualité du *Cacao* & des autres ingrediens. Et au second de la complexiõ qui prouient du meslange desdits ingrediens. Reste à traicter dans ce *troisiesme* de la façon de les mixtionner: mais deuant ie rapporteray la meilleure recepte & la plus conuenable que i'ay peu trouuer. Et quoy que i'ay dit qu'on ne pouuoit pas donner vne recepte propre à toutes sortes de personnes: si est-ce que cela se doit entendre pour ceux qui ne se portent pas bien. Car pour ceux qui sont en bonne santé ceste-cy peut seruir, car pour le reste comme i'ay dit à la fin du premier article chacun peut choisir les ingrediens selon qu'ils seront profitables à l'vne ou à l'autre partie du corps. Voicy la recepte.

A chacune centaine de Cacao on meslera deux grains de Chile ou poivre de Mexique

xique de ces gros grains que nous auons dit
estre appellez Chilpatlague, & à leur defaut on prendra deux grains de poiure des
Indes les plus larges & les moins chauds
qu'on pourra trouuer de ceux d'Espagne,
vne poignée d'anis, deux de ces fleurs appellées petites oreilles ou vinacaxtlides, &
deux autres qu'on nomme Mecasuchil si
le ventre estoit dur & resserré. En Espagne
au lieu de ces dernieres on pourroit mettre la
poudre de six roses d'Alexandrie vulgairement appellées roses pasles, vne petite gousse
de Campeche, deux drachmes de Canelle,
vne douzaine d'amandes & autant de
Noisettes, demye liure de succre, la quantité
d'Achiote qu'il suffira pour donner couleur
à toute la composition. Et si quelqu'vne de
ces drogues ne se trouue pas qui soit ve-
ritablement des Indes, cela se fera auec
leur autre.

La façon de faire le meslange.

LE Cacao & les autres ingrediens se
pilent & se broyent en vne pierre
qu'ils appellent [a] Metate faite toute ex-
pres. La premiere chose que l'on fait c'est

[a] Les Indiens ap-
lent ceste pierre
Metatl.

É

de griller & bien faire desseicher au feu tous les ingrediens afin qu'ils se puissent aysement piler excepté *l'Achiote*, mais il faut les faire griller auec grand soin les remuant en les grillant, afin qu'ils ne se bruslent & deuiennent noirs, outre qu'estant trop grillez ils perdent leur vertu & deuiennent amers. La *Canelle & le poivre de Mexique* doiuët estre pilez les premiers, & ce dernier doit estre pilé auec *l'Anis* : le *Cacao* estant celuy qui doit estre pilé le dernier, mais peu à peu iusques à la quantité suffisante & à chasque fois il faudra luy donner deux ou trois tours dans la pierre afin qu'il soit mieux broyé. Et chasque chose se broye separement, & puis apres on met les poudres de tous les ingrediens dans le vaisseau où est le *Cacao*, & ces poudres on les mesle auec vne cuilliere, & soudain on prend de ceste paste qu'on recommence à broyer sur la pierre susdite sous laquelle on met vn peu de feu apres que la confection est faite, prenant garde de ny faire pas trop grand feu, & de ne la faire pas chauffer excessiuement pour ne point resoudre & dissiper la partie butyreuse. Il est aussi à obser-

üer qu'en broyant le *Cacao* il faut mesler
l'Achiote, afin que la couleur s'y prenne
mieux. Les poudres de tous les ingrediens
excepté du *Cacao* se doiuent passer par le
tamis, & si on oste la coquille ou l'escorce du *Cacao* la côfection en sera plus deli-
cate & delicieuse. Lors que le tout paroi-
stra estre biē broyé & incorporé (ce qu'on
recognoistra à ny voir la moindre petite
paille) on prendra auec vne cuilliere de ceste masse qui sera presque toute fondue
& liquefiée dõt on fera des *tablettes* qu'on
mettra dans des boëttes & deuiendront
dures à mesure que la masse se refroidira.
On obseruera cependant que pour faire
ces *tablettes* il faut ietter vne cuilliere de
ceste masse sur du papier ou sur quelques
grandes feuilles d'arbres comme est le
plane (qui est la façon qu'on le practique
aux Indes & au lieu dudit plane on la
verse sur du papier) ou elle s'estend &
estant mise à l'ombre s'endurcist. Et apres
en pliant le papier ils en tirent les tablettes
qui pour estre grasses se separent aisement
du papier, & si on la verse en quelque
vaisseau de terre ou sur vn ais on ne pourroit detacher aisement lesdites tablettes,

a Il entend le Pla-
ne d'Inde & non ce-
luy de l'Europe. Or
le Platanus des In-
des a esté ainsi nõ-
mé par les Espa-
gnols pour des rai-
sons qui nous sont
incognuës. Car il
n'a rien de commun
auec nostre plane,
mais ressemble plu-
stost à la palme tane
en forme qu'en
grandeur de feuil-
les qu'il a si grandes
qu'elles couurēt vn
homme depuis la
teste iusques aux
pieds. Il est remar-
qué au second to-
me de l'Amerique
que ces feuilles ser-
uent à escrire com-
me anciennement
celles du papier.
Voy la page 173. &
174.

ny les retirer entieres.

On boit aux Indes le *Chocolate* en deux façons; la premiere & la plus ordinaire eſt de le prendre chaud auec *l'Atolle*[a] ancien breuuage des Indiens, leſquels appellent de ce nom vne boullie faicte de farine de *Mays* qu'ils meſlent ainſi auec le *Chocola-te*. Et pour le faire de façon qu'il ſoit plus ſalubre ils mondent le *Mays* en luy oſtant l'eſcorce de deſſus qui eſt venteuſe & qui produit la melancholie, & ainſi il en reſte le meilleur & le plus ſubſtantiel. Retournant donc au propos que nous auons laiſſé, ie dis que l'autre boiſſon moderne introduite depuis que les Eſpagnols ſe ſont ſeruis du *Chocolate* eſt double. La *premiere* eſt de tremper ou dilayer le *Chocolate* dãs l'eauë froide, en tirer l'eſcume qu'on met dans vn autre vaiſſeau, expoſer ce qui reſte au feu auec du ſuccre & en fin eſtant chaud y meſler l'eſcume qu'on auoit miſe à part & le boire ainſi. La *ſeconde* eſt de faire chauffer de l'eau & ayant mis dans vn gobelet de *Xicara* ou de *Coco* qu'ils appellent *Tecomaté*[b] autant qu'il faut de *Chocolate*, y verſer vn peu d'eau & auec le molinet deffaire bien le

a Noſtre Autheur a fort bien deſcrit *l'Atolle*, diſant que c'eſt du Mays moulu, peſtri & detrempé en l'eau & bouilly à la façon d'vne boullie fort claire ou pluſtoſt de l'Amidon, mais il n'a pas rapporté toutes les differences qui ont eſté tres-bien remarquées par du Laet en ſon 7. liure chap. 3. que les curieux pourront lire à loiſir, le diſcours eſtant trop long, pour eſtre icy tranſcrit.

b Les Mexiquains appellent Tecomatés certains vaiſſeaux ou gobelets qu'ils font du fruit de Cocos, dans leſ-

Chocolate, & apres l'auoir bien delayé y verfer le refte de l'eau chaude auec du fucre & le boire de la façon.

Il y a encore vne autre maniere de preparer le *Chocolate* qui eft de le mettre dans vn petit pot auec vn peu d'eau & luy dôner vn bon bouillon iufques à ce qu'il foit bien delayé & deffaict. Cela fait on y adjoufte du fucre & de l'eau fuffifamment felon la quantité du *Chocolate*, & on le fait cuire iufques à ce qu'il forte au deffus vne graiffe butyreufe prenant garde que fi on luy donne vn grand feu il bouillira de façon qu'il fe répendera. Mais i'ay recognu que cefte derniere façon n'eft pas fi falubre quoy qu'elle foit plus fauoureufe, car comme ainfi foit que le beurre fe fepare du terreftre qui demeure en bas cela engendre la melancholie & le beurre relafche l'eftomach & ofte l'appetit.

Il y a vne autre façon de boire le *Chocolate* qui eft froid, lequel a pris le nom de fon principal ingredient, & fe fait nommer *Cacao*, duquel on fe fert les iours de feftes pour fe rafraifchir, & fe fait de la forte. On detrempe le *Chocolate* dans vn

quels ils boiuent le *Chocolate*. Ils les font auffi des fruits de l'arbre appellé par les Efpagnols Higuero, l'arbre eft fort grand, lequel a les feuilles femblables en figure & grãdeur à celles de noftre meunier, & porte des fruicts comme des citrouilles, dont les Sauuages font des gobelets pour boire le Chocolate. Ie n'ay rien icy à dire des Palmes qui portent les Cocos qui eft vne des merueilles de la nature, le remarqueray feulement auec le Docteur Palndanus qui a fait des annotations fur le voyage de Linfchot que le Cocos eft couuert de deux efcorces, la premiere defquelles eft velue, delaquelle ils font des cables & cordages, de l'autre on en fait des gobelets, l'opinion vulgaire eftant que tels gobelets ont quelque vertu cõtre l'apoplexie, & c'eft dans ces gobelets proprement que l'on boit le Chocolate.

E iij

peu d'eau auec le molinet, & on en tiré l'escume qui s'augmente grandement, & bien plus encore lors que le *Cacao* est plus vieil & plus pourry. On recueille ceste escume dans vn gobelet de *Xicara* ou de *Coco*, & qui est appellé *Tecomaté* que l'on met à part, & au mesme vaisseau on y met le succre, puis on y verse l'escume qu'on a tirée à part & on le boit ainsi froid. Et ce breuuage est si rafraischissât qu'il n'est pas bô à tous les estomachs, parce que l'experience fait voir le dommage qu'il fait dônant des maux d'estomach, & principalement aux femmes. I'en dirois la cause mais ie la laisse à part pour n'estre trop prolixe.

Il y a encore vne autre façon de le boire froid qu'ils appellent *Cacao Pinoli*, qui se fait en adioustant au mesme *Chocolate* apres en auoir fait la confection, comme nous auons dit, vne pareille quantité de *Mays* grillé, bien pilé, & bien mondé de son escorce premierément; lequel estant broyé & passé par la pierre auec le mesme *Chocolate* deuient tout en poudre qui se mesle auec celle dudit *Chocolate*, & de ces poudres toutes detrempées ainsi que nous auons dit, se fait l'escume qui se prend & boit comme le breuuage precedent.

Il y a encore vne autre façon plus briefue pour les hommes d'affaires qui n'ont pas le loisir d'attendre vne plus longue preparation, laquelle est bien saine, & est celle dont ie me sers. Tandis qu'on fait chauffer de l'eau on prend vne tablette ou bien on rappe vn peu de *Chocolate* que lon mesle auec le sucre dans vn petit pot, l'eau estant chaude on le verse dedans & on le deffait auec le molinet; On boit cela sans auoir separé l'escume comme on a de coustume de faire aux autres preparations.

QVATRIESME PARTIE.

L nous reste à traicter en ce dernier article en quelle quātité il faut boire le *Cho-colate*, en quel temps il le faut prendre, & à quelles personnes il est propre, pource que plusieurs vsant excessiuemēt, ie ne dis pas seulemēt du *Chocola-*

te, mais auſſi de toute autre ſorte de viande & de breuuage quelque bon & excellent qu'il puiſſe eſtre, en reçoiuent de l'in-
commodité & du detriment. Et ſi quelques perſonnes s'en trouuent opilées c'eſt
pour ſon vſage exceſſif. Et tout ainſi que
nous voyons le vin pris par excés au lieu
d'eſchauffer produire des maladies froides, la nature ne pouuant ſurmonter ny
tourner en ſa ſubſtance vne ſi grande quã-
tité de vin. De meſme celuy qui boit trop
de *Chocolate*, attendu qu'il a beaucoup de
parties graſſes qui ne ſe peuuent diſtri-
buer en la meſme quantité par tout le
corps, deuient neceſſairement opilé par
celles qui demeurent dans les petites veines du foye. Pour à quoy remedier on ſe
contentera de prendre le matin cinq ou
ſix onces ſeulement de *Chocolate* en temps
d'hyuer : & ſi celuy qui en prend eſt bilieux au lieu de le prendre auec de l'eau
commune, il le prendra auec l'eau d'en-
diue. On fera la meſme choſe en Eſté
pour celuy qui en voudra vſer par forme
de medicament contre les obſtructions
& intemperies chaudes du foye, mais celuy qui aura le foye froid& remply d'obſtructions

structions prendra ledit *Chocolate* auec
eau de rheubarbe. En effet regulierement
on en peut vser iusques au mois de May
particulierement si l'air est temperé. Mais
ie n'approuue pas son vsage durant les
iours Caniculaires, si ce n'est à ceux à qui
il ne fait point de mal à cause qu'ils y sont
habituez. Si dóc quelqu'vn a besoin d'en
vser aux iours Caniculaires, & qu'il soit
d'vn temperament chaud il le prendra as-
saisonné auec eau d'édiue de quatre iours
l'vn, specialemét s'il se sent le matin auoir
l'estomach foible. Et encore qu'il soit veritable qu'aux Indes, qui est vn pays tres-
chaud, on la prend en toute saison, &
que par consequent on pourroit faire le
mesme en Espagne. Toutefois ie respon-
dray premierement qu'il faut donner cela
à la coustume. En second lieu que l'excef-
siue chaleur de ces pays-là se trouuant
conjointement auec vne exceffiue humidité laquelle ayde à ouurir les pores du
corps, il arriue qu'il se fait vne si grande
diffipatió de la propre subftance du corps,
que l'on peut non seulement le matin,
mais auffi à toute heure prendre du *Cho-*
colate, fans aucun detriment. Et il est tel-

F

lement vray que par la chaleur exceſſiué
du pays la chaleur naturelle ſe diſſipe &
s'exhale, & que celle de l'eſtomach & autres parties interieures du corps s'eſpand
de telle façon aux exterieures, que non-
obſtât cet excez de chaleur les eſtomachs
en demeurent refroidis : en ſorte qu'ils tirent du profit & de l'vtilité, non ſeulemēt
du *Chocolate*, lequel ſelon que nous auons
prouué eſt moderement chaud, mais auſſi du vin pur, lequel combien qu'il faſſe
bien chaud ne leur fait aucun mal, ains au
contraire conforte l'eſtomach. Que ſi parmy ces chaleurs exceſſiues les Indiens
viennent à boire de l'eau ils en reçoiuent
vn notable detriment par le refroidiſſe-
ment de leur eſtomach, par lequel la coction vient à ſe corrompre & ſe produi-
ſent beaucoup d'autres maladies.

Il faut remarquer auſſi que les ſubſtan-
ces terreſtres que nous auons dit eſtre
dans le *Cacao*, tombent au fond du gobelet quand on le reduit en breuuage, &
qu'il y a des perſonnes à qui il ſemble que
ce qui demeure en ce fond eſt le meilleur
& le plus ſubſtantiel, & ainſi le boiuent
non ſans peu de dommage. Mais outre

que telle fubftance eſt terreſtre craſſe &
opilatiue elle produit l'humeur melan-
chólique, de ſorte qu'il la faut euiter tant
qu'on pourra, ſe contentant du meilleur
qui eſt le plus ſubſtantiel.

Reſte finalement à reſoudre vne difficulté que i'ay touchée cy-deuant, c'eſt à
ſçauoir qui eſt la cauſe pourquoy le *Cho-*
colate engraiſſe la pluſpart de ceux qui en
boiuent. Pource que ſi nous conſiderons
tous les ingrediens excepté le *Cacao*, nous
verrons qu'ils ſont plus propres à amaigrir & extenuer les corps que nõ pas à les
engraiſſer pour eſtre tous chauds & ſecs
iuſques au troiſieſme degré. Pareillement
les qualitez du *Cacao* que nous auons dit
au cõmencement eſtre la froideur & la
ſeichereſſe ſont auſſi ineptes à donner de
la graiſſe. Neantmoins ie dis que la grande quantité des parties butyreuſes que
i'ay prouué eſtre au *Cacao* ſont celles qui
engraiſſent, & que les ingrediens chauds
de ceſte compoſition ſeruent de condui-
te & de vehicule pour les faire paſſer par
le foye & par les autres parties iuſques à
ce qu'elles ſoient arriuées aux parties
charnuës : là où trouuant vne ſubſtance

F ij

qui leur eſt conforme & ſemblable, ſçauoir chaude & humide telles que ſont ces
parties butyreuſes en ſe conuertiſſant en
la ſubſtance du ſubjet elles l'augmentent
& l'engraiſſent.

On pourroit dire beaucoup d'autres
choſes tirées de la fontaine de la Philoſophie & de la Medecine, mais pour eſtre
plus propres pour les Eſcholes que pour
noſtre ſubjet ie les laiſſe. Ie remarque ſeulement que l'on peut adiouſter dans ma
recepte les ſemences grillées de *melon, ci-*
trouille & ² valenzia, leſquelles miſes en
poudre ſeruiront à ceux qui ont le foye &
les reims exceſſiuement chauds : & s'il y a
des obſtructions au foye & à la ratte
auec vne intemperie froide, on pourra
meſler la poudre de ſcolopēdre. Et à toutes ces compoſitions pour y donner bonne odeur on y mettra quelque peu d'ambre gris ou de muſc. Ce ne ſera pas peu de
contentement pour moy que ce petit diſcours ſoit au gré de tout le monde.

a Ie n'ay peu ſça-
uoir qu'elle dro-
gue c'eſtoit que la
Valenzia , on peut
dire   toutesfois
qu'elle eſt de meſ-
me nature que le
concombre.

F I N .

DV
CHOCOLATE.

DIALOGVE
Entre vn Medecin, vn Indien,& vn Bourgeois.

Composé par *BARTHELEMY MARRADON voysin de la ville de Marchena, imprimé à Seuille l'an 1618.*

Tourné à present de l'Espagnol , & accommodé à la Françoise.

AV LECTEVR.

LE precedent difcours m'ayant donné l'enuie de voir ce Dialogue, i'ay
fait tout ce qui m'a efté poffible pour en
recouurer vne copie imprimée. Mais ma
recherche ayant efté inutile, i'ay efté con-
traint d'en faire venir vne manufcrite de
Rome tirée de la Bibliotheque de Mon-
fieur le Cheualier del Pozzo, dans laquelle il s'eft rencontré beaucoup de fautes.
Ce qui m'a obligé à fuiure pluftoft le fens
de l'Autheur qu'à m'affubjetir à vne ver-
fion exacte & reguliere des paroles. Dequoy ie vous ay voulu donner aduis, de
peur que quelques vns conferans noftre
François auec le texte Efpagnol ne nous
viennent accufer d'infidelité, ne fçachant
pas que noftre petit labeur eft en beaucoup d'endroits pluftoft vne periphrafe
qu'vne traduction. Adieu.

DV CHOCOLATE.

Dialogue entre vn Medecin, vn Indien, & vn Bourgeois.

ED. Il y a vn autre breuuage duquel on vſe fort aux Indes & quelquefois en Eſpagne, qu'ils eſtiment Medicinal appellé *Chocolate* ; duquel il ſera à propos d'apprendre les vertus auſſi bien que des autres, ainſi que nous auons dit du *Tabac*. IND. Il ſe fait du fruict de certains arbres qui ſe trouuent en la nouuelle Eſpagne: leurs feuilles ſont comme celles des orangers vn peu plus grandes, leur fruict reſſemble à vn gros Concombre rayé ou canelé & roux, il eſt plain de grains qu'on appelle *Cacao* ou petites amandes dont les vnes ſont moindres que les autres: & ſelon leur groſſeur on les diuiſe en *quatre* eſpeces. Ils plantent

La deſcription de ces arbres a eſté faite cy-deuant.

Voy le difcours precedent en l'an-notation B.

les plus petits arbres du *Cacao*, & les font venir à l'ombre d'autres arbres, d'autant qu'ils ont accouftumé de fe brufler & fe deffeicher ayfement par la chaleur du Soleil. Les *Cacaos* font à prefent en tres-grande eftime fur toutes les marchandifes qui ont cours, parce qu'ils feruent de mô-noye, & que l'on en fait ce breuuage tant renommé que l'on appelle *Chocolate*. MED. Ie l'ay veu & gouflé, mais pour vous dire la verité, il ne me plaift point ny pour breuuage, ny pour monnoye quel-que loüange qu'on luy puiffe donner. I'en ay ouy faire grand eftat à vn Mede-cin de nom & de reputation tant pour le gain qu'il retiroit de la compofition de ce breuuage qu'on a de couftume de faire venir en forme de petites tablettes ou de conferue; que pour la grande experience qu'il a de fes effects, qui l'obligent mef-me à en donner à fes malades. Quant à la qualité des *Cacaos*, bien que pour feruir à faire ce breuuage ils doiuent eftre cueil-lis vn peu verdelets; fi eft-ce qu'on a de couftume de choifir les plus fecs & les plus vieux; & nonobftant cela ils ne laif-fent pas d'auoir vn gouft afpre, adftrin-gent

gent & si defagreable, qu'il n'eft pas de
merueille fi ceux qui en gouftent, ont en
horreur le breuuage qu'on en fait. Ceux
qui s'en feruent difent qu'il eft rafraifchif-
fant & qu'il n'enyure iamais, ainfi que
l'experience leur a fait cognoiftre. Voyla
donc la qualité des *Cacaos* lors que l'on
s'en fert fans autre meflange qui eft d'e-
ftre deficcatifs & adftringens & par con-
fequët terreftres & refrigeratifs ainfi que
font tous les medicamens ftiptiques au
nombre defquels nous mettons les af-
pres & les aigres. IND. Ie ne veux point
donner mon iugement touchant leurs
qualitez : toutefois ayant veu fouuent
aux Indes faire de ces petits pains defquels on compofe le *Chocolate*, & ayant
remarqué qu'auec les *Cacaos* moulus &
mis en poudre on mefle du poivre, de la
canelle, des cloux de girofle, de l'anis &
autres ingrediens chauds à difcretion
fans poids & fans mefure. Ie me ris de
ceux qui difent que ce breuuage rafraif-
chit, & qu'il eft grandement medicinal,
foit qu'on le prenne diffout en eau tiede,
foit qu'on le prenne efpais comme de la
viande à manger. BOVRG. Doncques fe-

G

lon que i'entends, celuy qui donne de ce breuuage à ſes malades n'eſt pas aſſeuré & n'a pas la cognoiſſance de ſes facultez puis qu'il ne ſçait pas ny les ingrediens qui le compoſent ny leur quantité. Voyla vne grande malice, attendu que les doctes Medecins recognoiſſent auec *Galien* qu'il ne faut iamais donner aux malades le poivre battu & mis en poudre, ny meſme aux perſonnes ſaines; mais ſeulement entier : car eſchauffant l'eſtomach & aydant la digeſtion il ne peut paſſer iuſques au foye & autres parties nobles pour les eſchauffer outre meſure. C'eſt pour ceſte raiſon que les ſçauans Medecins n'ordonnēt point d'eaus chaudes & aromatiques comme eſt celle de canelle & autres ſemblables, ſi elles n'ont eſté premieremēt diſtillées au bain marie. IND. Ie vous ſupplie dites moy ſi le *Chocolate* eſt auſſi meſchant & auſſi mal ſain que le *Tabac*? MED. Non, mais l'autheur qui a fait l'hiſtoire generale des Plantes qui a veu preparer ce breuuage en Nicaragua & autres lieux de la nouuelle Eſpagne, dit que c'eſt pluſtoſt vn breuuage pour les pourceaux que pour les hommes, toutefois qu'au

Liure premier des facultez des medicamens chap. 2. 1.

C'eſt vne prouince de la nouuelle Eſpagne deſcrite par Laet liu. 4. chap. 19.

Il entend Benzo, les paroles duquel ſont rapportées par Cluſius au ſecond liure des drogues eſtrangeres ch. 28.

defaut du vin & pour ne boire toufiours
de l'eau, il s'accouftuma à ce breuuage côme les autres. D'où il faut conclure que la
neceffité de vin qu'on a aux Indes a fait
inuenter le *Chocolate* duquel ils fe feruent
en diuerfes façons, & fous diuers goufts :
parce que la pafte des ingrediés que nous
auons nommez cy-deffus, & qui fe broye
en vne pierre appellée *Metate*, eft par les
vns detrempée dans de l'eau, & meflée
par les autres auec l'*Atolle* (qui eft l'ancien
breuuage des Indiens) lequel fe fait auec Voy le precedent difcours.
du *Mays* blanc, cuit & laué, & qui ne
reffemble pas mal à l'Amydon qui fe fait
en Efpagne pour les malades auec des
eauës propres & conuenables à leur mal;
& lequel eftant donné feul doit eftre te-
nu pour temperé comme il paroift à fon
gouft doux & agreable; reffemblant mefme aux Amãdes lefquelles ont ce temperament mediocre & moderé. C'eft pourquoy les Medecins de la nouuelle Efpagne donnent ce *Mays* meflé auec du
fucre à leurs malades auec tres-bon fuc-
cez, lorß qu'ils ne font point trauaillez de
chaleur exceffiue : car en ce cas felon la
doctrine d'Hippocrate & de Galien ils fe

G ij

feruent pluftoft de pannades de ptifanes,
& d'orges mondez comme en Efpagne.
Or l'vfage du *Chocolate* eft fi familier & fi
frequent par toutes les Indes qu'il n'y a
place ny marché où il n'y ait vne *Negre*
ou vne *Indienne* auec fa tante, fon *Apaftle*
qui eft vn vaiffeau comme vne terrine, &
fon *mollinet* qui eft vn bafton fait en forme de fufeau dont ils tordent du fil en Efpagne, auec leurs retraites pour recueillir
le vent & refroidir leurs efcumes. Ces
femmes mettent premierement à part,
vne partie de la pafte ou du gafteau de
Chocolate, & la detrempent dans de l'eau,
en apres elles retirent de cefte portion l'efcume qui eft fa meilleure & principale
fubftance, qu'elles feparent en des vaif-
feaux qu'on appelle *Tecometes*, defquels
elles font entourées ou tout à fait ou à
moitié. En fuite elles diftribuent cela aux
Indiens & aux Efpagnols defquels elles
font enuironnées. Elles meflêt à ce breuuage l'*Atollé* chaud qu'elles tiennent dans
des pots, auquel elles attribuent de grandes vertus & de grands effects. Quelques
vns veulent que l'on leur en donne de
teint & de coloré auec l'*Achiote* qui eft

Voy l'annotation D.

vne poudre ou paſtille faite d'vn fruiƈt
qu'ils diſent eſtre ſouuerain contre la co-
lique. Car les Indiens ſont de grands im-
poſteurs qui donnent à leurs plantes des
noms Indiens par excellence qui les mettent en haute reputation. C'eſt ce que l'on
peut dire du *Chocolate* qu'on vend aux
foires & aux marchez, & qui eſt le plus
cōmun & le plus ordinaire, car il s'en fait
de diuerſes couleurs qu'ils appellent *Xo-*
coatole, *Chillatole*, & ainſi des autres. Pour
celuy qui ſe fait aux maiſons particulieres
que l'on preſente aux bōnes amies & aux
voiſines, & ſinguliérement celuy qui eſt
preparé dans les Cōuens par les Religieu-
ſes : celuy qu'on fait en tablettes qu'ils appellent *Pinolen*, & qui ſe boit froid au
ſoir : Bien qu'ils ſoient compoſez de pa-
reils ingrediens, ſi eſt-ce qu'ils different
de nom & de qualité & ſont en plus grā-
de eſtime. Nous allons mettre la recepte
vſitée parmy les peuples plus polis, & la
doſe preciſe de chacun ingredient comme il s'enſuit.

Prenez ſept cens Cacaos qui peſent vn
poids ou huit reales qui ſont quatre cens cin-
quante pour reale en la nouuelle Eſpagne,

Laet rapporte
pluſieurs autres eſ-
peces d'Atolle en
ſon 7. liure ch. 3. au
reſte Xocoatole ſi-
gnifie de l'eau ai-
gre qui eſt faite de
Mays & d'eau
trempez toute vne
nuiƈt enſemble à
l'air pour le Chil-
latole il ſe fait
de chille ou de poi-
vre meſlez enſem-
ble.

Il eſt appellé Pino-
li au diſcours pre-
cedent vers la fin
de la troiſieſme
partie.

vne liure & demye de sucre blanc, deux on-
ces de Canelle, quatorze grains de poivre de
Mexique appellé Chillé ou pimiento, demye
once de cloux de girofle, trois petites gousses ou
cosses de Tesacta, ou en son lieu le poids de
deux realles d'anis, pour l'Achiote on y en
mettra autant qu'il en faut pour luy donner
couleur ainsi qu'on fait du saffran qui sera
peut estre aussi gros qu'vne noysette, quel-
ques vns y adioustent des amandes ou des
noysettes. De tout cela grillé & pilé dans la
pierre appellée Metate, on fait auec le suc
qui en sort & du sucre des petits gasteaux
ou vne paste pour mettre dans des boëttes;
quelques vns y meslent quelques gouttes
d'eau de fleurs d'orenge vn grain de musc,
& d'ambre gris ou de la poudre de scolopen-
dre.

Il est appellé Cam-
peche au discours
precedent partie
premiere.

Pour ce qui regarde la façon de s'en
seruir soit pour le boire soit pour le manger; on prend les matins du *Chocolate* auec
vn macaron ou vn biscuit, ainsi qu'on fait
en Espagne vn laict d'amades ou de noysettes, vn iaune d'œuf, quelque paste de
semences froides ou de l'amydon. Or que
tous ces coulis faits d'orge, de farines, &
de sucre soient donnez à ceux qui sont es-

chauffez & attenuez, il n'eſt pas hors de
raiſon. Mais de dõner le *Chocolate* indiffe-
rẽment en tout tẽps, à tout ſexe, en toute
âge, & à toute heure, c'eſt ce qu'il faut
blaſmer & reprendre ainſi que nous auõs
dit du *Tabac.* IND. De cela i'en ſuis bon
teſmoin ; car i'en ay veu pluſieurs qui
eſtoient tellement accouſtumez à prendre du *Chocolate* qu'ils ne s'en pouuoient
paſſer. I'ay veu meſme en vn port de mer
ou nous debarquaſmes pour puiſer de
l'eau vn Preſtre qui nous diſant la Meſſe
comme vn Apoſtre, fut obligé par neceſſité eſtant fort gras & fort fatigué de s'aſ-
feoir ſur vn banc deuant l'action de graces qu'on fait apres la Communion où
eſtoit vne ſeruante qũi tenoit vn vaiſſeau
de *Thecomate* plain de *Chocolate* qu'il
beut, & Dieu luy donna les forces d'ache-
uer la Meſſe apres s'eſtre repoſé. MED. Il
meritoit d'eſtre excuſé à cauſe de ſon infirmité : mais ceux qui ſont ſans infirmité
& hors de la neceſſité ne doiuent rien dõner à la couſtume; cela n'eſtant pas ny
honeſte ny loüable principalement en la
perſonne des Religieux, les vertus deſquels nous doiuent ſeruir d'exemple à

bien viure. BOVRG. Il y a vne chofe que i'ay remarquée depuis que ie fuis entré aux Indes qui eft qu'ils boiuēt le *Chocolate* dans les Eglifes pendant qu'on celebre le diuin Office, ce que i'ay veu de mes yeux. MED. Iefus! c'eft auoir vne grande irreuerence, & porter peu de refpeét au culte diuin, c'eft mefme manquer de ciuilité & d'honneur aux affiftants; & il eft tres-vray que cela ne fe deuroit point faire. Or parmy les autres incommoditez qu'apporte le *Chocolate*, ie tiens fans difficulté que la principale caufe des obftruétions, opilations & hydropifies qui font familieres aux Indes, doit eftre attribuée & au *Chocolate* & au *Cacao* pour eftre d'vne nature terreftre & froide. Pour les Dames elles mangent le *Chocolate* comme fi c'eftoient des amandes; & ainfi l'excez qu'on fait à s'en feruir produit vne infinité de maladies aux parties interieures comme la Cachexie, la-mauuaife habitude & la couleur deprauée du vifage. BOVRG. I'ay parfaite cognoiffance de tous ces breuuages, mais ie m'accommode mieux du boüillon : & laiffe le *Chocolate* fous fa bonne foy à ceux qui
s'en

s'en trouuent bien. Mais ie vous deman-
de, quand on mange le *Chocolate*, est il
aussi bon pour ceux qui se portent bien
côme vne tranche de iambõ, d'eschinée,
ou de saussisson, ou comme la paste d'al-
berges qu'on met dans des boëtes, celle
de pommes de capendu, & vne infinité
d'autres conserues qui se font en ce pays?
Et quand on le boit est il aussi friand que
le vin de S. Martin, que le vin de la Ciu-
tad, ou que le vin paroximenes, c'est à
dire du Pere Ximenez natif de Ecija ville
de l'Andalouzie? ceux qui boiuent so-
brement & moderement dénieront ab-
solument que ce soit vn soustien du corps
merueilleux, ou qu'il ait de l'aduantage
sur le Nectar tant vanté par les Poëtes
duquel les Dieux des Payens s'enyuroiét,
puis qu'il donne à la teste & fait d'autres
maux: & qu'on voit vn nombre infiny
de personnes qui boiuent grande quantité d'eauë tant crüe que cuite auec vn peu
de canelle, d'anis ou d'autres medicamés
cognus, auoir vescu tres-longuement
fraiz & gaillards sans vin & sans tous ces
autres breuuages que *Chanaan* n'a iamais
plantez ny n'ont esté cognus par son grãd

H

pere. MED. On pourroit fe feruir d'v-
ne grande varieté de vins medicinaux qui
ont efté defcris par *Diofcorides*, & rappor-
tez par *Vvecker* de diuers autheurs, defquels on a tres-bonne experience leurs ingrediens & leur quantité eftant tres-bien
cognuës. IND. Ie ne fçay fi i'oferay dire
pour conclufion des facultez du *Chocolate*, qu'il eft la principale caufe des neceffi-
tez qui font en la nouuelle Efpagne, pour
y eftre trop commun fa defpenfe furpaf-
fant le refte de la defpenfe ordinaire que
l'on fait chaque iour, car il eft certain
qu'en certaines maifons on defpence par
iour deux poids & dauantage de *Cacao*
fans mettre en ligne de conte le fucre, duquel la quantité qui eft employée eft exceffiue reuenant à plus de cinq cens mille
Arrobes, c'eft à dire douze millions cinq
cens mille liures de fucre lequel fe prepare
& fe fait en la nouuelle Efpagne dans les
moulins à ce deftinez. Et c'eft la verité
qu'en l'année mil fix cens feize l'*Arrobe*
de fucre valoit trois poids & les années
fuiuantes cinq & fix poids autant qu'il
vaut en Caftille, qui eft la caufe qu'il fe
trouue fi peu de fucre en la nouuelle Ef-

Arrobes eft le poids de vingt cinq liures en Ca-ftille, & en Portu-gal de trente & deux liures.

pagne. Or comme les Dames ont vsé de
ce breuuage il leur a donné occasion de
se vanger de leurs ialousies, en apprenant
& se seruant des sortileges des Indiennes
qui en sont grandes maistresses, comme
estãt enseignées par le Diable, c'est pourquoy les personnes sages doiuent éuiter
la frequentation des Indiennes pour le
seul soubçon de sortilege. Et ie n'oserois
dire, pour ne donner point subiet de scã-
dale à personne, le nombre des meurtres
& des homicides qu'vn pere de la Com-
pagnie de Iesus preschant en l'Eglise de la
ville de Mexico racontoit estrē arriuez
par ce seul moyen. De sorte que quand il
n'y auroit que cela sans y comprendre les
autres inconueniens , il est tres-bon de
s'abstenir du *Chocolate*, afin d'esuiter la fa-
miliarité & la frequentation d'vne na-
tion si suspecte de sortilege.